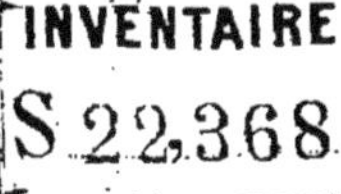

NOTICE

SUR

L'AMÉLIORATION DES PRAIRIES

ET LA

CULTURE DES GRAMINÉES

PAR

M. DÉSIRÉ AMBLARD

(Extrait des Mémoires de l'Académie de Metz, année 1873-1874)

NANCY

IMPRIMERIE E. RÉAU, RUE SAINT-DIZIER 51,

1875

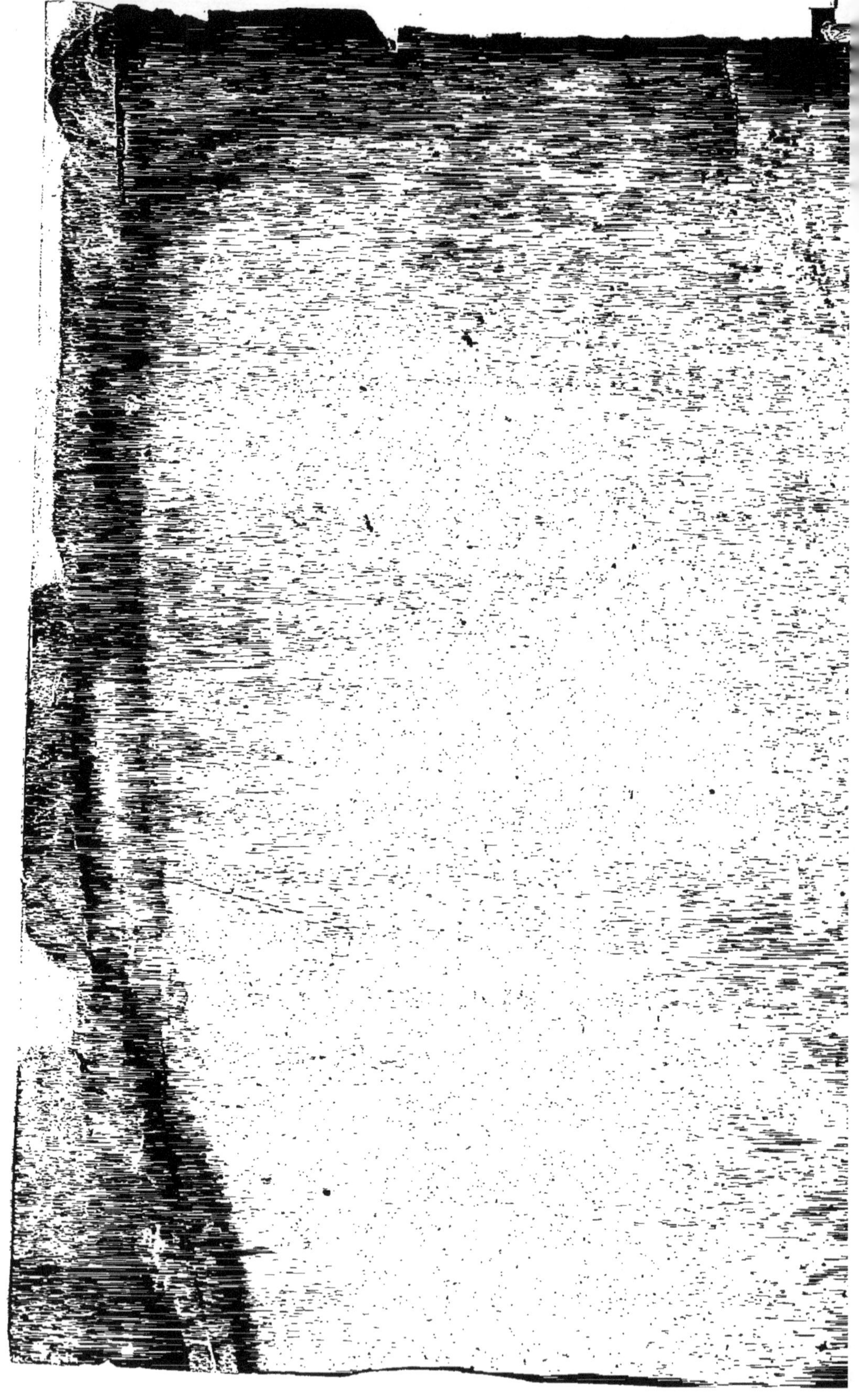

NOTICE

SUR

L'AMÉLIORATION DES PRAIRIES

ET LA

CULTURE DES GRAMINÉES,

PAR M. DÉSIRÉ AMBLARD.

(Extrait des Mémoires de l'Académie de Metz, année 1873-1874)

Graminées.

La notice que je présente sur l'établissement et l'entretien des prairies est le résultat de mes observations personnelles. Elle n'est la copie d'aucun livre.

En suivant ponctuellement les avis que je donne, on peut être certain d'obtenir le rendement maximum d'une prairie dans notre contrée.

Toutes les graminées cultivées dans le département croissent chez nous, ainsi qu'une grande quantité de plantes rares et peu connues.

La culture de la luzerne est la base de notre production agricole.

On peut même comprendre comme fourrage la betterave, plante qui tient une place immense pour la nourriture du bétail.

1

Quelques notions de botanique rurale seraient d'un grand secours aux cultivateurs pour la direction de leurs prairies. Ils pourraient alors y multiplier les plantes utiles, tout en éloignant les plantes nuisibles, et le résultat serait immense.

Le nombre des graminées cultivées avantageusement dans les prés est assez restreint. En connaissant les principaux types des meilleures espèces, on peut obtenir de bonnes récoltes de fourrage, tout en choisissant les variétés propres à chaque sol.

Les botanistes eux-mêmes regardent comme très-difficile la connaissance des graminées. Je suis certain qu'avec une bonne flore et quelques heures d'étude il est facile de déterminer la classe et le nom de chaque plante.

Le système de Linné, basé sur les organes sexuels, est, je crois, le plus simple et le plus à la portée des cultivateurs qui ne peuvent employer un temps bien long à l'étude de la botanique.

Du Classement des prairies.

Nous savons tous que les prairies se divisent en deux classes, les prairies naturelles et les prairies artificielles. Les prairies naturelles sont peuplées en grande partie de graminées. Dans le département, les prairies artificielles sont semées en luzerne, sainfoin, trèfle et pimprenelle. L'introduction des prairies artificielles dans l'assolement a créé une ère nouvelle à l'agriculture; elle a augmenté ses produits en améliorant les fonds; elle a permis de doubler et de tripler le nombre des bestiaux dans certaines localités.

De l'Etablissement d'une prairie naturelle.

S'il s'agit d'établir une prairie naturelle composée de graminées, il y a deux manières d'opérer. On peut la semer immédiatement ou dans une céréale.

Pour le premier cas, après avoir bien labouré et bien ameubli la terre par un bon hersage, on sème les graines, puis on passe à plusieurs fois le rouleau. Si la prairie à établir est d'une petite étendue, ou une pelouse, après avoir semé la graine, on serrera bien mieux la terre en la battant avec une dame plate.

Lorsque l'on peut avoir de l'eau à sa disposition, on fera bien d'arroser tous les soirs jusqu'à la levée qui sera complète au bout d'un mois. Ce travail peut se faire soit au printemps soit à l'automne. Dans les années pluvieuses, l'été serait le meilleur moment, mais il ne faut qu'un coup de soleil trop ardent pour tout griller, lorsque les graminées commencent à lever.

Si vous voulez établir une prairie dans une céréale, semez simplement vos graminées au printemps, avant que cette céréale soit trop élevée, après quoi vous passez le rouleau. La levée sera moins prompte que dans le cas précédent. Pour être certain d'une réussite complète, il faut autant que possible que la terre soit ameublie par les gelées du printemps. C'est pour cela qu'il est préférable d'enherber dans du jeune blé fin mars.

Les jardiniers parviennent à établir de superbes gazons pendant tout le cours de la bonne saison. Les moyens qu'ils emploient ne sont pas à la portée de la grande culture qui n'a jamais un personnel assez nombreux ni de l'eau à sa disposition. D'un autre côté, la graminée, qui fait les plus belles pelouses est le raygrass anglais (*Lolium Boucheanum*). Je crois ne pas devoir recommander cette graminée pour les prairies à faucher.

Établissement des prairies artificielles.

Les trèfles de Provence et de pays se sèment au printemps, même fin février, soit dans de jeunes blés, soit dans des marsages, orge ou avoine. Il est indispensable de bien rouler, car la petite graine de trèfle si elle tombe sur une motte ou un gazon ne lève pas. Pour la pratique, on reconnaît qu'une pièce de trèfle est suffisamment épaisse, lorsque en élargissant les doigts de la main on peut en atteindre deux plantes. C'est à environ 20 centimètres que doivent être distancés les pieds de trèfle ou luzerne.

Lorsque les trèfles ne sont pas assez épais on les retourne; on ne peut voir cela qu'après la moisson. A cette époque il est encore temps de semer du trèfle incarnat; ce trèfle se sème sur un fort hersage ou un léger labour; si le labour était trop profond on risquerait de trop dessécher la graine qui ne lèverait pas. On ne coupe qu'une fois le trèfle incarnat. Le trèfle ordinaire se fauche deux et même trois fois dans des terres exceptionnelles.

Lorsque les semailles de trèfle n'ont pas bien réussi on peut conserver le trèfle deux années sans le retourner et le faucher quatre fois.

Dans les terrains humides, les jeunes trèfles sont quelquefois si forts que l'on croit bien faire en les fauchant à l'automne. C'est tuer la poule aux œufs d'or. Cette coupe ne peut se faire que fin septembre ou au commencement d'octobre ; les gelées viennent, les trèfles souffrent. Les praticiens prétendent que la pluie et la neige filtrent dans le tube de la tige et font languir le sujet. En somme, on perd tout son trèfle et on n'a qu'une récolte minime. Si l'on veut utiliser cette végétation on doit la faire pâturer et non la faucher.

Lorsque l'on sème trop souvent du trèfle dans un même champ, il absorbe tous les sels de la terre qui lui conviennent, puis on ne peut plus en faire lever. On retourne souvent les trèfles après la première coupe, on donne deux ou trois cultures pour obtenir des blés magnifiques. Beaucoup de cultivateurs qui avaient adopté l'assolement triennal, blé, trèfle, colza, ont abandonné ce genre de culture pour ne faire venir le trèfle que tous les cinq ou six ans dans la rotation.

La Luzerne.

La luzerne se sème depuis le mois de mai jusqu'en septembre. Quelques jours de chaleur et d'humidité facilitent beaucoup la levée. Les semailles d'automne sont quelquefois celles qui réussissent le mieux.

Il faut, pour que la luzerne prospère, que le terrain ait été fumé, sans cela la germination est difficile et inégale. On sème la luzerne ordinairement dans de jeunes blés, comme le trèfle. Lorsqu'on la sème seule, la récolte de la première année est minime. Il faut ajouter un quart ou au moins un cinquième de graine de trèfle, de cette façon on a une bonne première coupe qu'il faut faucher de bonne heure, afin que la luzerne forme de bonnes touffes. La deuxième année, la luzerne gagne du terrain, tandis que le trèfle dépérit.

On obtient de belles luzernières en semant au mois de mars la luzerne seule dans une bonne terre meuble. Ce qui détruit les bonnes et même les meilleures luzernières c'est l'herbe qui souvent prend le dessus; on remédie à cet inconvénient en semant la luzerne en lignes ; de cette façon on peut la biner et détruire les herbes. Chaque ligne peut être espacée de 0^m, 20 environ, afin que l'on puisse passer une houe à main sans endommager les pieds de luzerne.

On coupe généralement la luzerne trois fois par an. Il serait bien préférable de ne la faucher que deux fois ; elle durerait bien plus longtemps.

La luzerne n'aime pas les terrains humides, toutes les terres lui sont bonnes ; elle croît pourtant moins bien dans les terres blanches.

Lorsque dans une luzernière il se trouve des taches où la luzerne n'a pas bien levé, on les bine à la houe, puis on laisse quelques pieds de luzerne autour de la place vide sans être fauchés ; leur graine en tombant comblera le vide pour l'année suivante.

Quoiqu'en semant la luzerne dans de bonnes conditions au printemps, il arrive souvent, surtout dans les années sèches, qu'elle ne lève que très-tard, en septembre quelquefois ; cette graine conserve, même en terre, ses facultés germinatives très-longtemps. Il est bon de la couvrir de grand fumier afin de la préserver des grands froids.

Si votre luzerne n'est pas bien levée quelque temps après la moisson, vous passez une herse de fer ou de bois, par un temps assez couvert, mais pas par la pluie; on sème de nouveau la pièce, après quoi on repasse la herse les dents en l'air afin de recouvrir la graine de terre.

Une luzernière bien établie peut durer dix à douze ans. Ce qui fait périr les meilleures luzernières, c'est la cuscute (*Cuscuta epithimum*) qui souvent s'étend dans toute la pièce. C'est le parasite le plus dangereux pour la luzerne : tiges grimpantes, filiformes et semblables à un crin, s'accroche à la luzerne en y enfonçant de petits suçoirs. Je parlerai plus loin de la manière de la détruire.

La luzerne de pays a la fleur d'un violet moins foncé que la luzerne de Provence. Elle croît spontanément comme la luzerne à fleur jaune (*Medicago scuttellata*), qui n'est pas cultivée ; on la rencontre dans les lieux secs, le long des routes.

Le Sainfoin (*Onobrychis sativa*).

On sème aussi comme plante fourragère, le sainfoin à deux coupes, c'est un bon fourrage, surtout pour les vaches. Cette plante n'est pas difficile sur le choix du terrain. Les sols calcaires lui conviennent très-bien. La graine du sainfoin est entourée d'une enveloppe épineuse et épaisse qui retarde sa levée; c'est ce qui fait que cette plante n'est pas aussi cultivée qu'elle le mériterait. Le sainfoin peut se couper deux fois, mais on préfère ne le faucher qu'une fois ; après quoi les cultivateurs le font pâturer.

On préfère avec raison semer le sainfoin dans un marsage, orge ou avoine, en même temps que la céréale, de manière à enterrer la graine à une certaine profondeur.

La Pimprenelle (*Poterium sanguisorba*).

La pimprenelle ou pimpernelle se sème seule ou associée au sainfoin, de manière à rendre les coupes plus épaisses. Les vaches sont très-friandes de la pimprenelle. Le lait des vaches nourries avec cette plante devient plus butyreux et plus abondant.

Un champ de sainfoin peut durer huit à dix ans, après quoi on fait une magnifique récolte d'avoine et au moins deux récoltes de blé très-abondantes.

Les Vesces (*Vicia sativa*).

On cultive deux variétés de vesces, les vesces d'hiver qui se sèment à l'automne afin d'avoir un fourrage vert au printemps, de très-bonne heure, la vesce ordinaire qui se sème au printemps. Toutes deux ne se fauchent qu'une fois; lorsqu'elles réussissent bien, c'est un bon fourrage à donner à manger en vert aux chevaux. On voit quelquefois des pousses qui ont plus de deux mètres de longueur. La graine de vesces sert pour la nourriture des pigeons.

Après le fauchage des vesces, on donne deux ou trois cultures, puis on sème le blé. Il serait, je crois, avantageux de semer la vesce cracca, à cause de sa rusticité.

Le Pois (*Pisum sativum*).

Quoique les pois ne soient pas un fourrage proprement dit, les tiges, lorsqu'elles sont bien récoltées, peuvent être données aux chevaux en hiver quand il gèle.

On ne cultive le pois que pour la graine ; en grande culture on ne connaît que le petit pois vert ou le jaune ; ce dernier est le moins recherché pour le commerce.

Les feuilles qui tombent continuellement pendant la végétation des pois contiennent beaucoup de principes fertilisants ; aussi après cette légumineuse, obtient-on de plus beaux blés qu'après un trèfle ou après une fumure. Le pois des champs ne rame pas.

Betterave (*Beta vulgaris*).

La betterave est une plante fourragère. On ne peut préciser son rendement ; plus on la houe, plus on a de produit. Toutes les terres lui conviennent, pourvu qu'elles aient un bon sous-sol. Cette plante va chercher sa nourriture quelquefois à un mètre de profondeur.

La betterave se sème depuis le mois de mars ; mieux vaudrait ne la semer qu'en mai. A cette époque elle lève de suite et c'est un binage de gagné. La betterave ne commence à grossir notablement qu'au mois d'août. Les betteraves plantées à la main, en lignes, réussissent bien mieux que celles semées à la volée.

Comme la main-d'œuvre est rare et chère, les sarclages se font à la houe à cheval. Avec ce genre de binage, on atrophie bien des sujets, soit en tournant, soit que le cheval donne un coup de collier dans une mauvaise direction. En une attelée de cinq heures, un homme conduisant un cheval peut sarcler deux hectares et demi.

Il est presque indispensable que le premier houé

soit fait à la main, et le plus tôt possible après la levée ; si on laissait l'herbe croître, les ouvriers ne verraient plus les pieds de betteraves et les couperaient avec leurs instruments.

C'est un mauvais système de laisser deux betteraves ensemble ; lorsque l'on en arrache une, la sécheresse, les racines déchirées empêchent la betterave restante de grossir. Quelquefois une seule graine de betterave produit trois ou quatre pieds. On ne doit en laisser qu'un, le plus vigoureux.

Les lignes de betteraves doivent être distancées de 60 à 65 centimètres les unes des autres, et 50 centimètres doivent séparer les betteraves dans chaque ligne.

Beaucoup de cultivateurs ont l'habitude de planter la betterave sur l'ados, comme dans le nord de la France. Cette méthode n'est bonne que dans les localités où le sol est peu profond.

Il est bien préférable de faire des lignes au rayonneur, de 6 à 7 centimètres de profondeur ; un aide dépose à la main deux ou trois graines de betterave à environ chaque 50 centimètres. Ensuite on passe un rouleau compresseur, soit en fonte ou en bois. Les graines sont suffisamment recouvertes de terre et la levée a lieu plus rapidement que sur le sommet d'un ados. S'il tombe une petite pluie, la graine sera rafraîchie et humectée.

Pour faciliter la levée, on fait tremper les graines dans de l'eau dans laquelle on a mis une partie de purin pour deux parties d'eau. L'acide sulfurique (huile de vitriol) a la propriété de faire germer bien plus rapidement la graine de betterave. Il faut une partie d'acide pour au moins trente d'eau. Le vitriol pur ou peu allongé d'eau brûlerait les graines. Les semoirs mécaniques sont peu convenables pour semer les betteraves. Soit par le peu de soins de l'aide, soit que les graines ne coulent pas dans le semoir, soit que les socs n'entrent pas suffisamment en terre, il se trouve souvent de grandes longueurs où la graine ne lève pas. Pour avoir une réussite complète il faut plusieurs conditions : semer dans une terre bien meuble et fine, placer les graines à la main dans la rigole après y avoir placé préalablement une poignée de fumier bien décomposé : le fond du tas. Ce fumier a dû être retourné plusieurs fois et arrosé de purin cinq à six fois. J'ajoute à cet engrais que je confectionne avec du terreau de couche, du sel, du plâtre et de la colombine.

Cette composition vaut mieux que la meilleure poudrette, on est certain de sa qualité. La poudrette dessèche la graine qui a besoin au contraire d'humidité. Il serait très-avantageux pour le pays que l'on établisse des sucreries, ou seulement des râperies de betteraves. Cette industrie occuperait les ouvriers l'hiver. Les pulpes des sucreries sont meilleures que celles des distilleries et ce serait un grand bienfait pour les cultivateurs et les nourrisseurs. Il faut au contraire ne pas favoriser la distillation des betteraves, car si l'on continue à vendre de l'eau-de-vie au même prix et même moins cher que le vin, c'est assurer l'abrutissement de la classe ouvrière.

On cultive beaucoup de variétés de betteraves, elles ont toutes été produites par l'hybridation : les betteraves blanches à collet vert, pour les sucreries et distilleries ; la jaune des Barres, demi-longue, qui est très-appréciée ; la rouge longue, cultivée exclusivement aux environs de Metz, à Montigny ; les globes rouges et jaunes, peu difficiles sur le choix du terrain. Quelques variétés à collet hors de terre, lorsqu'on les effeuille, ont le col presqu'aussi dur que du bois ; donc cette partie de la plante n'est pas nutritive.

Pendant le cours de sa végétation, on ne doit jamais arracher une seule feuille à la betterave qui en a besoin pour grossir. C'est par ses feuilles qu'elle puise dans l'air les éléments qui lui donnent la vie en expirant de l'oxygène à la lumière et du gaz acide carbonique dans l'obscurité ; tandis que les racines puisent dans la terre les sucs qui lui sont propres ainsi que l'eau dont elle a besoin pour grossir.

A la fin d'octobre et même dans les premiers jours de novembre, on arrache seulement les betteraves ; lorsqu'il fait beau, on les laisse sur le sol le reste de la journée, le soir on les met en tas, où elles restent quelques jours avant d'être nettoyées. On se sert pour cet usage d'un couteau à lame de bois. Lorsqu'il fait froid, le décrottage se fait à la maison, où l'on conduit les betteraves aussitôt arrachées. Les betteraves peuvent sans s'altérer subir un froid de 6 à 7 degrés. J'ai rentré des betteraves gelées, elles ont été mises à part et elles se sont conservées aussi bien que les autres.

Il ne faut pas pourtant attendre aussi tard pour rentrer les betteraves, la pluie détrempe les champs et il est difficile de les rentrer.

Les betteraves se conservent soit dans des caves, soit dans des silos ; ces deux méthodes sont bonnes, mais lorsqu'elles sont en silos, on ne voit pas quand elles se gâtent ni quand les rats les rongent.

Aussitôt les betteraves arrachées et enlevées, on donne une ou deux cultures, puis on sème le champ de blé.

On peut mettre deux fois de suite des betteraves soit dans un pré cassé, soit après de la luzerne. En semant trop souvent des betteraves dans un champ, on l'épuise pour longtemps.

Le Trèfle incarnat (*Trifolium incarnatum*).

Un excellent fourrage à administrer aux bestiaux est le trèfle incarnat semé avec du seigle. Cette nourriture se donne en vert dans les premiers jours de mai, lorsque le trèfle est en pleine fleur. Quoique cette légumineuse ait été un peu abandonnée par la culture, sa précocité, son bon produit, surtout dans des terres sableuses, devraient lui faire occuper la place qu'elle mérite.

Il faut 8 kilog. de graine de trèfle, soit incarnat, soit trèfle ordinaire. Lorsque l'on veut y joindre du seigle il ne faut mettre que 5 à 6 kilog. de trèfle et 7 à 8 litres de seigle pour 33 ares (un jour de terre).

Le Sorgho à sucre (*Phragmites*).

Quoiqu'un roseau, le sorgho à sucre est une plante très-recherchée des bestiaux. Elle se sème de mars en septembre dans les terres un peu fraîches. Semé de bonne heure le sorgho peut se faucher trois ou quatre fois. La graine de sorgho ne vient pas à maturité dans le département ; celle qui se vend chez les marchands de graines vient des Indes.

On sème cette plante en rayons espacés de 20 à 25 centimètres. Il faut 4 à 5 kilog. de graine pour 33 ares.

La Carotte fourragère (*Daucus carota sativa*).

Cette plante, de la famille des ombellifères, est un

excellent aliment pour la nourriture des bestiaux. Seulement il n'y a que dans certains terrains privilégiés où la levée s'opère convenablement. Les carottes se sèment en mai. Il faut quarante jours avant qu'elles ne soient sorties de terre. Dans les terres sableuses, ou les terres d'alluvion, elles viennent aussi grosses que les betteraves.

Les carottes rouges longues, les carottes camuses se sèment à la même époque.

Il faut environ 500 grammes de semence pour 33 ares ; la moitié serait grandement suffisante dans de bonnes terres. Pour bien diviser les graines qui sont chargées d'une série de petites pointes qui les réunissent ensemble, il faut bien les frotter dans ses mains, et afin que la graine ne tombe pas à la même place, on a l'habitude de la mélanger à de la terre bien fine ou du sable.

Lors du sarclage il faut espacer les carottes fourragères à 35 centimètres les unes des autres.

L'arrachage se fait à la bêche comme pour les betteraves ; leur conservation est la même.

Les Féveroles (*Faba vulgaris*).

Cette plante, de la famille des papilionacées, ne se cultive que pour la graine. Les petits propriétaires en sèment pour la nourriture des porcs qui mangent les tiges lorsqu'elles sont en fleur. La grande culture sème des féveroles pour être réduites en farine et mélangées à celle de froment. Elles produisent un pain non levé et très-nourrissant.

Les féveroles ainsi que les fèves de marais se sèment à la fin de février dans les terres fortes, elles sont d'un bon produit. Ne craignant pas les dernières gelées, la féverole se sème de bonne heure et se récolte fin août. Il faut 54 litres de féveroles pour 33 ares.

Le Mélilot (*Melilotus officinalis*).

Gaillet à trois cornes (*Galium tricorne*).

Ces deux plantes fourragères ne devraient jamais être cultivées, elles sont dangereuses et météorisent les bestiaux, le mélilot principalement.

La Moutarde blanche (*Sinapis alba*).

ou graine de beurre, peut aussi se donner comme fourrage. En six semaines on peut récolter la moutarde blanche pendant tout le cours de la bonne saison.

Le Sarrasin ou Blé noir (*Polygonum fagopyrum*).

Le sarrasin ou blé noir pousse avec une rapidité extraordinaire, même dans les terrains les plus pauvres. Sa graine est recherchée pour la nourriture de la volaille. Le sarrasin est cultivé en grand en Champagne et fait partie en diverses localités de l'assolement. Il faut environ 15 à 16 kilog. pour 33 ares.

La Pomme de terre (*Solanum tuberosum*).

Cette plante, originaire du Pérou, a été importée en 1590.

Malgré ses qualités la pomme de terre n'est plus aussi cultivée dans les grandes exploitations qu'elle l'était autrefois. Les nombreuses cultures qu'elle exige font préférer la betterave, principalement pour la nourriture du bétail.

Aujourd'hui, les cultivateurs ne plantent plus la pomme de terre que dans des terrains envahis par le chiendent et seulement pour la consommation de la maison et l'engraissement des porcs.

Autrefois les cultivateurs fournissaient aux distillateurs des milliers de sacs de pommes de terre.

Les variétés de pommes de terre sont innombrables. La même espèce est connue dans dix localités sous dix noms différents. Comme nous ne nous occupons que des variétés fourragères, la pomme de terre Chardon est la plus farineuse, celle qui se conserve le plus longtemps et celle qui produit le plus.

La grosse Jaune, la Faulquemonne produisent beaucoup. Cette dernière peut servir pour la nourriture du bétail et pour la table.

Après la récolte et la rentrée des pommes de terre on donne une culture, puis on sème le blé.

Dans quelques localités on a l'habitude de conduire le fumier à travers champs, dans les pièces de pommes de terre, puis de le répandre en fouillis pendant le cours de l'été. Cette méthode, quoique vicieuse, fait profiter de l'engrais et les pommes de terre et le blé de la récolte suivante. Les pommes de terre se plantent depuis la fin de mars jusqu'en mai. Les plantations d'avril sont les meilleures. Il est préférable de planter de grosses pommes de terre comme semenceau, en les coupant, plutôt que de placer deux petites pommes de terre dans le même trou.

La plantation à la main est la meilleure; si on plante les tubercules entre des gazons, la levée est plus longue et la pomme de terre se dessèche et souvent ne lève pas du tout.

On bine profondément les pommes de terre en ayant le soin de bien casser et diviser les gazons, de bien retourner les mottes, tout en ayant soin de bien détruire le chiendent; puis, dans le courant de juillet, par un temps qui ne soit pas trop chaud, on les butte. Cette opération consiste à relever la terre autour de chaque pied. Bien des personnes ignorent pourquoi on fait ce travail. Je vais l'expliquer : lorsque les pommes de terre viennent grosses, celles qui sont exposées à l'air deviennent vertes; en les buttant elles sont cachées sous terre et ne verdissent pas.

Des instruments tirés par des chevaux font ces ouvrages avec célérité. Ainsi, aux environs de Mars-la-Tour, on ne plante les pommes de terre que derrière la charrue ; on place les tubercules-semence à $0^m,70$ les uns des autres, puis on fait une nouvelle raie sans la planter; chaque raie a environ 32 à 35 centimètres, ce qui place les pommes de terre à $0^m,70$ en tous sens. Quant aux buttages et sarclages, ils se font, en ce pays, à la main.

On confectionne à Nancy de très-bons instruments pour butter, rayonner et arracher ces précieux tubercules ; la charrue arrache-pommes-de-terre est un instrument parfait.

J'ai vu à l'exposition de Vienne, des instruments employés dans ce pays pour l'arrachage des pommes de terre. Un sabot, s'enfonçant en terre à volonté et faisant l'office de versoir, est monté sur une charrue tirée par deux chevaux ; un engrenage, imprimant un mouvement de rotation à une roue chargée de palettes, chasse les pommes de terre de chaque côté de la charrue. Cet instrument, moins compliqué qu'on le croirait par sa description, ne

5

convient que dans les terres sablonneuses, où il fonctionne avec une rapidité surprenante.

Diverses variétés de pommes de terre sont plus sujettes les unes que les autres à se gâter par suite de la maladie.

Les pommes de terre précoces sont celles qui se gâtent le moins. Divers remèdes ont été employés, aucun n'a réussi complétement.

Lorsque les pommes de terre sont arrachées, on les met en tas couverts de fanes, afin que la première fermentation achève de les mûrir.

Voici le procédé que j'emploie pour les conserver, et je puis dire que je n'en ai jamais une de gâtée. Au lieu d'être placées à terre, mes pommes de terre sont placées sur une charpente construite sur de forts pieux, fichés en terre, et élevée à 45 centimètres au-dessus du sol; le plancher qui les porte est construit en lattes à claire-voie. Mes pommes de terre ainsi placées, ne sont pas visitées par les rats et ne reçoivent pas la fraîcheur de la terre.

On ne peut préciser le rendement d'un hectare de pommes de terre, ni la quantité de semence que l'on doit user pour la plantation.

Je crois qu'une moyenne de 40 sacs, par jour de 33 ares, est le chiffre le plus exact.

On consomme pour engraisser un porc, de bonne grosseur, de 15 à 16 sacs de pommes de terre.

Des Irrigations.

Les irrigations sont très-bonnes dans les prairies naturelles, surtout dans les lieux où le sol est sablonneux et perméable. Aucune plante n'aime plus l'eau que les graminées.

Les irrigations ne sont pas nécessaires dans les prairies basses où les roseaux diminuent déjà la qualité du foin.

Lorsque l'on irrigue une prairie, il est indispensable que l'eau ne reste pas stagnante dans les bas-fonds.

Il faut éviter de dériver les eaux au moment des gelées, ainsi que quelque temps avant la fenaison.

Pour avoir beaucoup et de bon regain, il faut que la prairie ait été bien brûlée par le soleil. Les prairies basses produisent du foin mangeable pour les bestiaux, mais le regain produit dans ces prairies est de dernière qualité.

Lorsque la prairie est bien séchée, la première petite pluie fait pousser le regain comme par enchantement; 2 kilog. de ce regain valent mieux que 5 kilog. de regain de roseaux.

Les irrigations sont nuisibles dans les prairies naturelles dont le sol est imperméable.

En Angleterre ainsi qu'en Autriche, pays où les irrigations sont très-perfectionnées et artistement arrangées, on fauche les prairies trois fois, la première vers le 25 mai, la seconde fin juin et la troisième en septembre.

Dans les pays dont je viens de parler, on ne craint pas de dériver des rivières pour irriguer convenablement les prairies. J'ai vu la plaine de Lintz à quelques heures de Vienne ; là, c'est le Danube dérivé qui rafraîchit une plaine de plus 100 kilomètres carrés. Aux environs de Folkstone, en Angleterre, des barrages nivellent le cours d'une petite rivière et irriguent une étendue de plus de quatre heures de prairies, en longeant le chemin de fer.

Dans notre Lorraine, il est impossible de faire

plus de deux coupes, l'une vers la Saint-Jean, le 24 juin, et l'autre fin août. Souvent cette dernière ne vaut que le fauchage, surtout dans les années sèches.

Les années où il y a abondance de regain, il n'y a pas abondance de vin, ou il est de médiocre qualité.

En Angleterre, les prairies de raygrass, bien irriguées, se fauchent quatre fois, cela tient à l'humidité de la température, au sol d'alluvion et aux engrais. Il y a beaucoup à faire dans notre pays pour faire rendre aux prairies leur maximum de production. Les eaux qui traversent les villages, où souvent des cultivateurs négligents perdent leurs purins, sont délicieuses pour les irrigations. Il en est de même de celles provenant des lavoirs publics, des fabriques de sucre, de papiers peints.

Lorsque l'on ne peut pas avoir son niveau, on pourrait placer sur un cours d'eau, ce que j'ai vu cent fois en Autriche, une roue ressemblant à une roue de moulin ; au lieu de laisser retomber l'eau dans le ruisseau, elle la déverse dans une auge qui la divise dans les canaux d'irrigation.

Les Buttes de taupes.

Dans les prairies bien entretenues, on peut faire passer un instrument nommé rabot de pré. Cet instrument, composé de deux pièces de bois formant un angle aigu, est assez lourd pour élargir les taupinières fraîches qu'il rencontre sur son passage. Dans les localités où la propriété est morcelée, cet instrument arracherait les bornes et serait d'une manœuvre difficile. Le plus simple est de passer trois ou quatre

fois par an dans ses prés, et avec une pelle on
répand la terre amoncelée par les taupes.

Lorsque l'on a été plusieurs années sans faire ce
travail, ces buttes se sont enherbées. Il faut alors
enlever le gazon, le mettre de côté, puis répandre
la terre formant le monticule et creuser, afin de
replacer le gazon que l'on a ôté, bien de niveau avec
la prairie ; on presse bien avec ses pieds ou avec
une dame plate. Si on pouvait arroser, l'opération
serait parfaite.

Des Fumures.

Dans les prairies élevées que l'on ne peut pas
irriguer, les fumures augmentent considérablement
le rendement. Le meilleur moment pour faire ce
travail est à l'entrée de l'hiver. Les gelées, la neige,
la pluie décomposent une grande partie du fumier.
A cette époque le fumier ne perd pas ses gaz fertilisants comme en été. Il faut noter que l'on ne se
sert pour cet usage que de grand fumier sortant de
l'étable, afin qu'il fasse plus de chemin (selon l'ex-
pression de la campagne). Par une belle journée de
printemps, on passe un râteau à cheval, ou simplement un râteau ordinaire et on enlève la plus grande
paille qui est restée sur le sol et qui empêcherait de
faucher.

Pour augmenter le produit d'une prairie, on pourrait se servir d'engrais commerciaux chargés d'azote.
Les prés ne sont pas comme les terres qui ont besoin
du fumier de ferme pour recevoir un engrais com-
plet. Les anciens prés ont toujours assez d'humus.
Tous les calcaires, les guanos, les cendres, le plâtre,
opèrent sur les prés immédiatement ; il en est de

même du petit fumier court et décomposé. Un autre moyen de fumer les prairies sans bourse délier : il suffit de ne pas faucher le regain, l'année suivante on obtient une herbe bien plus épaisse qui vous dédommage grandement. Je me suis trouvé avec un grand propriétaire de prés, sur la Moselle, qui m'a dit, qu'en 1840, on avait mis de la cavalerie en cantonnement dans son village ; il logeait beaucoup de chevaux et n'était pas cultivateur. A leur départ, il s'est trouvé possesseur d'une énorme quantité de fumier qu'il a fait conduire dans ses prés. Il y a 34 ans de cela, et ses prés s'en sentent encore.

Des Engrais liquides.

Les engrais liquides sont plus actifs que le fumier d'étable, mais leur durée est moins longue.

Aussitôt le regain coupé, on peut conduire le purin dans les prés. Il n'y a point de quantité positive. Il faut autant que possible que ces engrais soient bien répartis et non pas lancés tous à la même place, ce qui arrive lorsque ce travail n'est pas surveillé.

Les domestiques ainsi que les ouvriers ne font pas ce travail avec plaisir, l'odeur du purin est si pénétrante, que les habits mouillés de ce liquide conservent cette odeur pendant plusieurs jours. J'ai remédié en partie à cet inconvénient en me servant de fûts à pétrole, qui sont placés dans la fosse à purin ; lorsqu'ils sont pleins, au moyen d'une mouflette ou poulie, je les soulève, on pousse la voiture dessous ; il ne s'agit plus que de les débondonner arrivés dans la prairie. Là, dans une voiture à fond mal joint, le purin s'écoule à peu près également.

Pour, autant que possible, désinfecter cet engrais,

dans chaque fût à pétrole je mets 100 ou 150 grammes de sulfate de fer ou de cuivre ; ce produit est fondu lorsque l'on charge le purin et il se trouve sans odeur.

Depuis que j'emploie ce procédé, mes ouvriers font ce travail sans mot dire. Par l'usage du purin, je double le produit de mon fumier. Je me sers de purin pour arroser mes prés, mes plants de vignes, pour mes arbres; j'améliore mes fumiers, je confectionne un engrais supérieur à la poudrette pour la plantation des betteraves. Une goutte de purin n'est pas perdue chez moi.

Les purins ne doivent pas être conduits dans les prés par la chaleur du jour, ce travail doit être fait par la rosée, ou par l'humidité. En cas contraire, il faudrait y ajouter au moins un tiers d'eau, surtout pour le purin provenant des chevaux.

Le purin des vaches est moins fort.

Pendant l'hiver, on peut sans danger se servir de purin pur pour l'arrosage des prés.

Par une forte chaleur d'été, j'ai voulu voir l'effet que produirait un arrosage de purin pur sur une prairie élevée et brûlante ; deux ou trois jours après, l'herbe était rôtie, mais les racines n'avaient pas souffert. J'ai eu un regain superbe. Bien des propriétaires disent que c'est un contre-sens de fumer des prés, je dis au contraire que c'est donner un œuf pour obtenir un bœuf.

De la Mousse.

Dans quelques prairies, la mousse empêche l'herbe de croître ; le seul moyen de la détruire est de passer dans le pré envahi une bonne herse de fer, puis on sème de la chaux vive en poudre. On trouve chez les chaufourniers de la chaux provenant des fonds de fours, très-bonne pour cet usage. Il faut environ deux hectolitres pour 33 ares, si l'on veut que l'opération soit bien faite. Ce travail doit être fait par un temps calme et le semeur doit faire attention de ne pas chauler ses yeux.

Quelques personnes nomment mousse la cuscute (*Cuscuta*). J'en parlerai un peu plus loin.

Peut-on établir des prairies naturelles comme assolement dans une ferme importante ?

Je répondrai à cette question négativement ; sous notre climat la température est ou trop chaude ou trop froide. Le sol et le pays brumeux d'Angleterre, sont seuls propices à ce genre de culture. La seule graminée cultivée en Angleterre pour cet usage, est le raygrass, ou ivraie de Bouché (*Lolium Boucheanum*). En Lorraine, cette variété d'herbe est peu productive et trop précoce, elle ne produit point de touffes, elle est déjà défleurie et même jaune au moment où les autres herbes sont à peine à leur hauteur.

Un cultivateur ne cassera pas un pré en rapport pour y semer soit du blé, soit de l'avoine.

C'est sur la pratique que je base ma théorie; tous les propriétaires, cultivateurs, fermiers, qui, dans notre département, ont voulu faire de la théorie, sont revenus à l'ancien système, ou ils ont été forcés d'abandonner la partie.

Des améliorations, il faut toujours en faire, les innovations font perdre de l'argent.

Du Foin.

Le foin, c'est l'herbe des prairies naturelles ou artificielles, fauchée et fanée.

Dans notre pays on a l'habitude de l'abriter et de le préserver des intempéries des saisons, ainsi que du contact de l'air, qui évaporerait son arome.

Ainsi, on peut le conserver plusieurs années sans qn'il perde de ses qualités nutritives d'une façon notable.

Il est de première nécessité pour les animaux. Privé de la trop grande quantité d'humidité que contient l'herbe verte, il offre, sous un moindre volume, plus de principes de nutrition.

Il est reconnu que les bêtes de trait ou de labour perdaient rapidement de leurs forces par l'usage des fourrages verts.

Le foin après sa rentrée sur le grenier se met en fermentation. Cette fermentation développe ses principes sucrés.

Rentré trop tôt, il se gâte, la moisissure le détériore.

Rentré trop sec, toute action chimique est impossible, le foin devient cassant, il tombe en poussière.

Les prairies de la Seille et de la Nied sont celles qui produisent le plus de foin. La plaine de la Moselle produit celui qui est de meilleure qualité.

Les foins de la Seille ainsi que de la Nied sont quelquefois envasés par suite de crues subites de ces rivières, pendant ou avant la fenaison.

Les foins envasés chargés de poussière sont très-mauvais pour la santé des bestiaux. Le remède pratique est de les passer dans la machine à battre les céréales. Il est bon aussi de les mouiller avec de l'eau salée au moment de les distribuer aux bêtes.

Les foins de la Moselle sont plus fins, plus aromatiques, plus nourrissants que ceux des vallées de la Seille et de la Nied.

Quoique la famille des graminées cultivées dans les prairies soit de 75 à 80 espèces, le nombre des meilleures n'excède pas 38.

Il serait bon de tenter quelques essais en petit sur diverses plantes, qui pourraient être utilisées pour des prairies artificielles. Il serait bon aussi, je crois, d'élever à 12 kilog. par jour de 33 ares, le poids des semences de graminées, tandis que l'on ne sème ordinairement que 9 à 10 kilog. ; ajouter à ces graminées au moins 3 à 4 kilog. de trèfle de prés ou de trèfle blanc. C'est ce poids qui est employé par les Vosgiens, nos maîtres, pour l'établissement des prairies.

De la Valeur et de la Location des Prés.

Dans notre pays, lorsqu'on loue une ferme, les terres et prés se louent le même prix.

La quantité de prés n'est pas égale dans toutes les fermes ; lorsqu'un fermier a peu de prairies, il est obligé de semer beaucoup de trèfle, d'établir des luzernières. Les années ne sont pas toujours propices pour ces semailles ; soit que l'hiver fasse périr le trèfle, soit que les grandes chaleurs diminuent sa récolte de foin, ses pauvres bêtes souffrent, ou bien dans des années sèches on est obligé de faire une Saint-Barthelemy de tous les chevaux âgés, puis l'année suivante d'en acheter à haut prix.

Le seul moyen de remédier à cette catastrophe,

serait, à l'entrée des fermiers, faire une estimation de leurs terres et prés, et, à leur sortie, faire de même. Faire de longs baux ; un fermier certain de rester peut établir des prairies, faire des travaux de drainage. Le propriétaire lui-même recule devant la dépense qu'occasionnent les mouvements de terre ; un cultivateur, travailleur et intelligent, peut faire faire ces travaux à meilleur compte, il est sur place, il a le matériel roulant à sa disposition, il profite personnellement des augmentations de récoltes. A sa sortie si la propriété a gagné, il est tout naturel d'indemniser le fermier ; si au contraire sa valeur est diminuée par sa négligence, si sa ferme est empoisonnée de chiendent, de chardons, il faut, sans pitié, qu'il indemnise le fermier entrant et le propriétaire.

Aux environs de Metz, la valeur des prairies est très-grande ; elle était bien plus grande encore avant les événements. A cette époque, il y avait plusieurs milliers de chevaux de maître en ville, une forte garnison, ainsi que beaucoup de voituriers. Tous avaient besoin de foin.

A cette époque les prairies se louaient, pour le foin et le regain, environ 100 francs les 33 ares. Depuis, les temps sont bien changés, il n'y a plus de prix, ni pour la vente, ni pour la location.

Quant aux fermes, bonnes ou mauvaises, il y a une baisse sur le prix de la location, variant de 10 à 12 francs par hectare.

Du Nivellement des Prairies.

Quelques riches propriétaires ont fait venir des terrassiers des Vosges, pour niveler leurs prairies.

Le remède a été pis que le mal, une grande partie de ces prairies ont été gâtées. La récolte du foin, au lieu d'avoir augmenté, a au contraire diminué. La plupart du temps on s'en rapporte à la soi-disant expérience de ces ouvriers, qui cherchent à déplacer beaucoup de terre, et ne s'inquiètent que de la manière de recevoir le plus d'argent possible.

Lorsque l'on nivelle une prairie, on déplace la bonne terre chargée d'humus, de détritus végétaux, pour souvent mettre à nu une couche d'argile, de glaise, de marne, un sol froid où les graminées ne font que lever, mais restent basses, ne touffent pas, ne sont bonnes qu'à pâturer et non à faucher.

Au lieu de semer ces places, il est préférable de les gazonner. Pour cela on se procure, le long des routes, des gazons que l'on enlève par tranches de 6 à 8 centimètres d'épaisseur sur 25 à 30 centimètres carrés, on les place, par une journée fraîche ou avant l'hiver, les unes à côté des autres, on les frappe à la dame, on les arrose copieusement ; de cette façon, on n'a aucun retard pour le fauchage. Il faut seulement faire attention à ne pas gazonner avec des herbes contenant du chiendent ou de la traînasse. Aujourd'hui, qu'il est difficile de se procurer des faucheurs, on se sert beaucoup de machines ; pour faire fonctionner ces instruments, il faut des prairies bien plates, que la terre des rigoles d'irrigation soit bien répandue afin que la faucheuse ne rencontre point d'obstacles pour la briser.

Des Faucheuses.

Il faut près de trois jours à un homme de force moyenne et travaillant ordinairement pour faucher un hectare de bons prés.

Avec une machine, un homme et deux chevaux peuvent faucher 3 ou 4 hectares, surtout si l'on change les chevaux.

Ces machines laissent encore à désirer sous le rapport de la vitesse et de l'allure que doivent avoir les chevaux pour que le travail soit bien fait, sans à-coups et d'un pas régulier. Les chevaux de culture, habitués à aller à la charrue ou à tirer une charge paisiblement, ne se mettent à la faucheuse qu'avec peine, et il est difficile de faire de grandes attelées.

Il serait aussi nécessaire que les prés fussent bien unis. Jusqu'ici la machine de Sprague est celle dont on se sert le plus, mais je crois celle de Wood plus solide ; celle de Sprague est meilleur marché. Quant aux moissonneuses, celle de Samuelson est la meilleure, sans contredit.

J'ai vu, à Vienne, une moissonneuse Wood faisant la gerbe. Ce modèle sera mis dans le commerce pour la prochaine moisson. Je doute que la vente de cette machine soit suivie en Lorraine où l'on n'attend pas la parfaite maturité du blé pour le faucher. Je crois que si on le mettait en gerbes avant d'être refait, la paille se moisirait et le grain s'échaufferait.

Il est positif que la coupe des graminées à la machine ne vaut pas celle à la faux ; l'herbe a aussi plus de mal à repousser ; les tiges ne sont pas aussi bien coupées à fleur de terre, il reste ce que les faucheurs appellent des chandelles, et ils se font un malin plaisir de réunir les brins d'herbe restés debout et de les nouer. En somme, l'emploi des faucheuses est un bienfait pour l'agriculture, et les perfectionnements que l'on y apportera en rendront l'usage bientôt général.

Les prairies doivent être coupées aussi près de terre que possible. Un faucheur qui manque à ce principe, fait un tort considérable à son maître ; non-seulement il perd une quantité plus ou moins grande de foin, mais les tocs qui restent se jaunissent, se dessèchent et empêchent la pousse du regain, étouffé par la couche morte qui l'entoure.

Les prairies artificielles devant être retournées, si le fauchage n'est pas fait aussi près de terre, la charrue enterre ces tiges qui forment un engrais.

De la Valeur nutritive des Fourrages.

La qualité du fourrage dépend du moment que l'on a choisi pour le rentrer, de l'époque du fauchage et de la situation de la prairie.

Trois kilog. de bon foin, bien vert et salé, produisent plus à un cheval que cinq et même six kilog. du même foin, rentré jaune, après avoir été mouillé.

Les gros foins sont recherchés par les marchands de chevaux, principalement ceux qui contiennent de la fétuque roseau (*Festuca arundinacea*), ainsi que la houque laineuse (*Holcus lanatus*). Ces graminées sont reconnues comme poussant les chevaux à la graisse. Quant à moi, je préfère le foin fin et provenant de prés élevés.

Dans les pays où l'on coupe l'herbe trois fois par an, on n'attend pas que les graminées soient en fleur pour faucher. On n'obtient que du foin sans saveur, surtout celui de la première coupe qui se fauche en plein mai, au moment des pluies qui tombent ordinairement en ce mois ; ce foin est tout au plus bon pour la nourriture des bêtes bovines et ovines, mais non pour celle des chevaux. Le meilleur moment pour faucher est lorsque les graminées sont en pleine fleur.

Le regain est la plus mauvaise nourriture que l'on puisse donner aux chevaux ; il les constipe et leur fait perdre leur vigueur. Le regain ne sert qu'à la nourriture des vaches et moutons ; sa valeur nutritive, sous le rapport du poids, est beaucoup moins grande que celle du foin, environ un tiers.

Je ne veux pas entrer dans des détails scientifiques sur la valeur des fourrages ; au dire des chimistes, plus les graminées contiennent d'azote, plus elles sont nutritives.

Pour les chevaux comme pour les bêtes bovines et ovines, ainsi que pour tous les animaux, certains individus sont facilement rassasiés, tandis que d'autres ont toujours faim. La conformation est un point essentiel lorsque l'on veut faire l'acquisition d'animaux : les uns sont faciles à engraisser, tandis que d'autres engouffreraient des greniers et sont toujours maigres ; ils ne font pas honneur à la maison. Pour les chevaux comme pour les bêtes bovines, il est nécessaire que les bêtes aient leur estomac lesté d'un certain poids de fourrage pour s'entretenir ; lorsque l'on manque de fourrage, ou lorsque l'on veut tirer un parti avantageux de ses produits, il est indispensable de distribuer à ces animaux de la paille pour faire ce poids, afin que l'estomac soit suffisamment lesté de nourriture.

Des données scientifiques vous disent quelle est

la quantité de fourrage que l'on doit donner à une vache, par rapport à son poids, soit pour son engraissement, soit pour son entretien. Ma réponse à cela est qu'il faut donner aux bêtes leur nourriture bien réglée, la même quantité chaque fois, à la même heure, et suffisamment pour qu'elles n'en perdent point.

Lorsque l'on donne peu de foin aux chevaux, il faut leur donner plus d'avoine.

Aux bêtes à cornes, auxquelles on donne peu de foin ou regain, il faut donner plus de betteraves ou autres produits, si on veut les entretenir en bonne chair et leur faire produire du lait. Il est aussi imprudent de donner aux chevaux une triple ration d'avoine, qu'il est imprudent de changer d'un jour à l'autre la nourriture des bêtes bovines.

Les ruminants sont très-disposés aux indigestions, et surtout lorsqu'ils ont été strictement rationnés pendant un certain temps ; alors, lorsqu'une occasion se présente, ils engouffrent avec avidité leur nourriture, avec la rapidité d'une personne qui rentre du fourrage dans un grenier.

Après une année de disette de fourrage, bien des animaux de l'espèce bovine sont si maigres que leur peau se trouve collée sur leurs côtes. A ces bestiaux, on leur doublerait, on leur triplerait leur ration, qu'ils ne reviendraient pas en état. Un moyen pratique est de soulever la peau avec les mains afin de bien la décoller. Ce n'est qu'après cette opération, répétée pendant plusieurs jours, que ces bestiaux profiteront de la nourriture qu'on leur administrera. Les pansages journaliers et répétés à la même heure, autant que la nourriture, influent sur la santé et l'engraissement des animaux.

Je vois journellement des vaches, dont le pis est si sale, que je ne sais pas comment on peut faire pour les traire. Les personnes qui n'ont pas de litière à mettre sous leurs bêtes, devraient certainement ne pas les conserver. Il faut laisser aux bêtes bovines et ovines, un certain laps de temps entre leurs repas, afin qu'elles aient le temps de ruminer. On donne ordinairement deux fois à manger aux bêtes à cornes, une fois à boire l'hiver; en été on leur donne deux fois à boire. Quant aux chevaux, qui ne ruminent pas, il est bon de les faire boire et manger trois fois par jour.

De la Météorisation.

Les ruminants de l'espèce bovine et ovine sont sujets à une indigestion qui se nomme météorisation. Leur flanc se gonfle principalement du côté gauche par suite du développement du gaz, et si l'on n'apporte un remède immédiat, la bête tombe; cette chute, très-souvent, rompt les intestins qui sont distendus, puis la bête meurt en peu de temps.

Les jeunes trèfles verts, les luzernes mangées avidement, produisent généralement la météorisation.

Les fourrages secs produisent aussi des indigestions qui amènent la météorisation, surtout chez les animaux malades *ou maladifs*; cette météorisation se nomme simplement ballonnement; c'est une conséquence du mal, ce n'est que l'effet, mais pas la cause. Lorsque la bête sera en bonne santé, ce ballonnement ne paraîtra plus.

La météorisation n'est pas dangereuse; lorsque l'on s'en aperçoit à temps, le mal est facile à réparer. On fait avaler au sujet météorisé un demi-litre d'huile ordinaire, un demi-verre d'ammoniaque liquide dans un demi-litre d'eau, une tartine de saindoux ; voilà les remèdes pratiques les plus généralement employés. Pour faciliter la sortie du gaz, on place dans la bouche de l'animal un morceau de bois de la grosseur du bras et maintenu par une corde en forme de bride ; on jette des seaux d'eau sur le dos de la bête de manière à la saisir ; en moins de vingt minutes le mal est dissipé.

Lorsque l'on est obligé de percer le flanc de l'animal, le travail est plus difficile ; il faut bien connaître la place où l'on doit enfoncer un instrument nommé *trois-quarts*. La blessure est guérie en quelques jours, tout en laissant une trace qui déprécie la valeur de la bête.

C'était pendant la guerre, il ne me restait plus qu'une petite vache, lorsque l'on vient m'annoncer qu'elle était tellement gonflée qu'elle allait tomber. Arrivé au milieu de la forêt où elle était cachée, ma pauvre bête allait expirer. Je lui ouvre le flanc avec ma serpette, le gaz sort avec violence, elle est sauvée.

Pour éviter la météorisation, les premières fois que l'on donne aux vaches de la nourriture verte, soit trèfle ou luzerne, il faut la mélanger à de la paille et bien serrer le tout dans le râtelier, afin qu'elles aient un peu plus de difficulté à le tirer. Au bout de quatre ou cinq jours, on peut leur donner le fourrage seul.

Il est également dangereux de mener paître les vaches ou moutons dans les luzernes ou trèfles plâtrés. Lorsque l'on veut conduire des moutons dans un jeune trèfle, il est indispensable de leur avoir déjà donné à manger et que ce pâturage ne soit que leur dessert ; de cette façon on peut éviter le danger. Mais il est plus prudent de s'abstenir de cette pâture.

De la Fenaison.

On est souvent contrarié par le mauvais temps, et il s'agit de faire cette besogne de la manière la plus expéditive.

Lorsque le temps est beau, que les graminées sont en pleine fleur, il faut faucher le plus possible, surtout si on ne craint pas la pluie ; laisser le fourrage un jour en andins, il conserve ainsi bien mieux sa belle couleur verte. Si le temps est bien chaud, la deuxième journée suffira pour le faire sécher, après quoi on le met en meules d'environ 100 kilog.; il est prêt à être rentré. Il est bon de le laisser un jour ou deux ainsi, si on ne craint pas la pluie. Les faneuses mécaniques ainsi que les râteaux à cheval, sont des instruments qui ont leur dernier perfectionnement et qui accélèrent beaucoup ce travail.

Il ne faut pas craindre de mettre du foin en tas, puis de le répandre un peu après. Cette peine est largement compensée, lorsque l'on rentre du beau foin vert qui n'a pas été mouillé.

Les pluies des mois de juin et juillet sont de peu de durée. Avec un peu de soins et de vigilance, on rentre presque toujours sa denrée en bon état.

Dans quelques pays, on a l'habitude de faire des foins bruns avec des fourrages demi-secs que l'on met en grosses meules en plein air. Cette méthode n'est pas employée aux environs de Metz. Des personnes dignes de foi m'ont assuré qu'il y avait au moins 20 p. % d'économie sur le foin ordinaire.

 SÉANCE ANNUELLE.

Le fauchage de la luzerne doit se faire avant qu'elle ne soit en fleur ; à cette époque elle serait trop dure, trop ligneuse et aurait perdu une bonne partie de ses propriétés nutritives. Coupée trop tard, les feuilles de la luzerne tombent facilement, il ne reste plus que les tiges.

Le trèfle se coupe lorsqu'il est en pleine fleur. Le séchage de la luzerne et du trèfle demande plus de temps que celui du foin et du regain.

Après avoir laissé pendant deux ou trois jours ces denrées en andains, on les retourne le matin par une belle journée, puis on les met en tas, c'est là que la dessiccation doit se terminer ; sept à huit jours après, on peut rentrer le trèfle ou la luzerne, après toutefois lui avoir donné un peu d'air en retournant les tas avant l'enlèvement.

Il faut retourner les tas de fourrages après une pluie, que ce soit du foin de prés ou de prairies artificielles, sans cela il se gâterait.

En Bavière, où le trèfle est très-cultivé, on se sert pour le séchage, de charpentes en bois ayant la forme d'une échelle double ; chaque échelon est garni de dents auxquelles on accroche le trèfle pour que l'air le fasse sécher.

Ce procédé serait impraticable ici, où un bon trèfle produit 2000 kilogrammes de fourrage sec par 33 ares.

De la Rentrée du Fourrage.

En Angleterre, les fourrages ainsi que les céréales restent en plein air en meules.

Les fermes les plus importantes n'ont que très-peu de bâtiments. Au fur et à mesure du battage des grains, on va chercher les céréales sur les meules qui sont placées à proximité de la maison.

Le foin ne se vend pas à la botte, mais en cubes coupés sur la meule au moyen d'une espèce de faux droite. Les liens pour les maintenir sont en fil de fer.

Les meules sont parfaitement tassées, le climat ne facilite pas autant la pourriture qu'ici. Pour conserver le foin, il faut qu'il soit bien sec lors de sa rentrée et mis sur le grenier bien tassé et salé.

L'emploi du sel et surtout du sel détaxé, est un avantage pour l'agriculture.

Le foin salé conserve une certaine fraîcheur, qui le rend moins cassant et l'empêche de tomber en poussière.

5 à 6 kilogrammes pour 1000 kilogrammes, sont une bonne proportion.

Les feuilles de la luzerne, lorsqu'elles sont salées, ne tombent pas.

Il faut aussi tirer le foin à l'aide d'un crochet et ne pas faire crouler le tas, pour prendre la ration quotidienne des animaux.

Il est bon de visiter sa toiture avant la rentrée du fourrage, les gouttières, en coulant sur les tas, produisent des taches pourries qui ne sont pas bonnes pour la nourriture des bestiaux.

De la Nourriture avec du foin nouveau.

Je crois que l'on peut, sans crainte, nourrir les chevaux avec du foin nouveau, environ dix à douze jours après sa rentrée. Il a alors perdu son premier feu ; il a fait sa fermentation.

Je suis certain que le fourrage nouveau n'est pas

nuisible, surtout mélangé à de la bonne paille. Dans une année de manque de fourrage, cette expérience a été faite sur tout un régiment de cavalerie, aucun cheval n'a été malade (Le 3ᵉ régiment d'artillerie à Metz, en 1868).

De la Distribution du fourrage.

Dans une ferme bien tenue, lors de la rentrée du fourrage, le foin de première qualité, c'est-à-dire celui provenant des prairies reconnues les meilleures, doit être mis dans un grenier à part et servir à l'alimentation des chevaux, au moment des travaux pénibles, tels que la semaille et les cultures de mars.

Les foins moins bons, ainsi que ceux destinés aux vaches, doivent être séparés. Ces bestiaux sont moins difficiles sur le choix du fourrage, on pourrait même croire qu'ils préfèrent les foins un peu avariés, les pailles légèrement bémies.

Les deuxième et troisième coupes de luzerne doivent être aussi mises sur le même grenier, le tout bien placé par lits bien égaux, afin que les domestiques donnent bien aux bêtes une nourriture uniforme.

Comme je l'ai déjà dit, lorsque le fourrage est bien placé par lits et tiré au crochet, on enlève au fur et à mesure des besoins journaliers : le regain, les deuxième et troisième coupes de luzerne ainsi que le foin de deuxième qualité, le tout par portions égales ; les bestiaux ne reçoivent pas dans un certain temps tout le regain, ni les troisièmes coupes de luzerne. Il est facile de comprendre que les vaches reçoivent pendant toute la saison, une nourriture égale et de même qualité. Je ne saurais assez insister, ni assez engager les éleveurs à suivre ce procédé qui m'a été enseigné par un des éleveurs les plus connus du canton de Vigy. Ce moyen est employé chez moi avec succès. Lorsque le foin n'est pas tiré au crochet, les domestiques ne peuvent pas se rendre compte de ce que l'on consomme, et en peu de temps le grenier se trouve vidé, à votre grande surprise. Pour un cheval de taille ordinaire, 5 kilog. de foin, 5 kilog. de paille, 6 litres d'avoine doivent lui suffire ; si on ménage l'avoine il faut augmenter le foin. Les chevaux faisant des travaux pénibles doivent recevoir un excédant d'avoine, sans augmenter la ration de foin ni de paille. La ration d'avoine peut être pour les chevaux de gros trait poussée à 18 litres. Les pailles de seigle et d'avoine provoquent des coliques chez les chevaux. Pourtant lorsque la paille d'avoine est restée quelque temps pour se refaire sur le sol, elle est moins débilitante ; il faut se garder d'en distribuer aux chevaux lorsqu'il ne gèle pas.

Une vache laitière produisant 200 kilog. de viande, terme moyen, peut consommer de 7 kilog. 500 à 9 kilog. de foin pour son entretien ; on augmente cette ration pour la mettre en graisse. On accélère l'engraissement en ajoutant à la nourriture de l'animal, de la tourte, des retrognons ou autres farineux. Une vache bien nourrie, peut prendre 1 kilog. 500 de graisse par jour, mais la moyenne n'est que d'un kilog. Avec du foin seul on pourrait arriver à ce résultat, mais il n'y aurait pas d'économie. Au surplus, les bestiaux en graisse produisent de l'excellent fumier contenant des matières grasses très-fertilisantes.

Les deuxième et troisième coupes de luzerne ne valent pas plus que de la bonne paille, quant à leurs qualités nutritives.

La pimprenelle ainsi que le sainfoin poussent à la production du beurre et du lait.

Un cheval au vert consomme 5 kilog. de fourrage frais par jour, seulement, les premiers jours, il faut mélanger cette nourriture à de la bonne paille pour éviter les coliques. On peut s'en dispenser au bout de cinq à six jours, et surtout lorsque le fourrage devient plus ligneux. Le cheval nouvellement au vert a souvent les dents agacées, il ne mange plus ; quelques jours suffisent pour le remettre en appétit. Il y a avantage à nourrir les bestiaux au vert, seulement, les chevaux pour la course ne doivent pas être nourris de verdure, à moins toutefois que l'on augmente la ration d'avoine d'une manière notable.

J'estime qu'il y a un bénéfice d'un cinquième à nourrir les animaux au vert ; ainsi un terrain qui vous fournira du fourrage sec pour nourrir vos bêtes pendant vingt jours, vous en fournira pour, vingt-quatre à vingt-six jours au vert. Les fourrages verts contenant une notable proportion d'eau, augmentent aussi la sécrétion laiteuse, comme tous les aliments liquides ; seulement, il ne faut pas abuser de ce genre de nourriture, il occasionne chez les ruminants la pourriture du foie, maladie sans remède.

Du Regain.

On nomme regain, la deuxième coupe de graminées des prairies naturelles. Ce fourrage sert généralement à la nourriture des vaches et moutons.

Il ne faut pas attendre trop tard pour couper le

regain. Lorsque l'herbe commence à devenir jaune ou rouge, il n'y a plus à espérer que le regain profitera.

Le regain, dans les années pluvieuses, pousse abondamment; dans les années sèches, il est rare. La difficulté, lorsque l'on tarde trop à faucher, est le séchage; les journées sont courtes, les rosées durent une bonne partie de la journée et empêchent la dessiccation.

Le regain après avoir été fauché doit rester en andains un ou deux jours, puis être répandu avec des râteaux de bois. Tous les soirs on le remet en petits tas pour éviter que la rosée ne le mouille ; lorsqu'il est entièrement sec, on le met en tas de 100 à 150 kilog., afin qu'il jette son premier feu à la prairie.

Le séchage du regain a lieu ordinairement à l'équinoxe d'automne ; à cette époque nous avons des vents impétueux qui emmèneraient les tas de regain sec; en ce cas, on pique dans les tas des branches de saule qui se trouvent dans les prés à la portée des faucheurs.

Lorsque les prés sont secs et qu'il n'est pas tombé une bonne pluie pour l'Assomption, le 15 août, on doit désespérer d'avoir du regain.

Dans un pré bien situé, la récolte du regain doit équivaloir à la moitié du foin.

Les prairies peuplées de renoncules (*Ranonculus flammula*) manquent rarement. Le regain de ces prairies est recherché des bêtes à cornes, malgré l'avis contraire de quelques propriétaires.

Les années à regain ne sont pas des années à vin.

Je réserve la deuxième ainsi que la troisième coupe de luzerne pour mes vaches et moutons.

Ces deux coupes peuvent équivaloir à la première sous le rapport du poids, mais pas pour la qualité.

La dessiccation des luzernes de deuxième et troisième coupes se fait comme pour la première.

Il est rare que l'on fasse deux coupes de trèfle, à moins que ce ne soit pour conserver la semence. Les trèfles et luzernes ont, de tous les fourrages, le plus besoin d'être salés afin d'éviter la chute des feuilles ; ces feuilles sont les seules parties nutritives de ces plantes.

De la Paille hachée.

Dans les fermes où on récolte peu de foin, il est bon de hacher de la paille, non-seulement pour la nourriture des chevaux, mais encore pour celle des vaches. Cette nourriture garnit bien l'estomac des bêtes, surtout lorsque l'on y ajoute, pour les chevaux, des sons, et pour les vaches, des tourteaux et des retrognons ou sons contenant encore de la farine ; le tout légèrement humecté d'eau.

Je crois que l'on ne doit pas mélanger l'avoine à la paille hachée, elle ne profite pas comme si elle était donnée seule. De trop copieuses rations de paille hachée et de sons distendent les intestins des bêtes et font de leur ventre un grenier à fourrage et ne produisant que peu.

Les chevaux de course ne doivent jamais être nourris de paille hachée, cette nourriture les ferait trop suer et leur ferait perdre de leur vigueur.

Utilisation des résidus de sucreries de betteraves.

Les résidus de sucreries, les pulpes principalement, sont la nourriture la plus économique que l'on puisse fournir aux bêtes bovines. Ce produit est très-recherché des laitiers et nourrisseurs des environs des villes.

La betterave contient de 75 à 80 p. % d'eau ; c'est cette eau, inutile à l'alimentation, qui en a été extraite pour la fabrication du sucre. Donc, ce produit est plus nutritif que la betterave. La betterave avant d'être soumise à la pression hydraulique est préalablement passée dans un instrument nommé dépulpeur ; cet instrument arrache la chair des betteraves, les réduit en farine ; après cela, on les passe à la presse. Pour bien diviser ces pulpes, il est bon de les mélanger avec des substances nutritives sèches, telles que du foin haché, de la petite paille, des sons, de la tourte ainsi que des aliments salins. Les pulpes se conservent pendant longtemps en silos recouverts de terre ; on ne laisse à l'air que ce que l'on consomme journellement.

Voici le procédé que j'emploie et qui me semble préférable : je sale mes pulpes et les conserve en tonneaux ou cuves, exactement comme de la choucroute. Après les avoir bien pressées, je place un faux fond mobile, composé de planches mal jointes, je charge de pierres, puis j'emplis le fût d'eau. J'obtiens ainsi une nourriture légèrement aigre dont les vaches sont avides.

Plâtrage.

L'application du sulfate de chaux à l'agriculture est plus particulièrement utile à certaines familles végétales, comme les légumineuses et les papilionacées. Le plâtre cuit, hydraté à l'air et répandu par un temps humide, produit le maximum d'effet dans ces cultures. Il paraît utile dans toutes les terres, soit en déterminant dans leurs pores la condensation des gaz, la formation de l'azote, soit en fixant le carbonate d'ammoniaque des eaux pluviales transformées en sulfate.

Par suite de la difficulté de se procurer du plâtre à cause de son prix élevé, ainsi que de la difficulté des transports provenant de l'éloignement des carrières, on n'emploie qu'environ un hectolitre de plâtre par hectare; il en faudrait de sept à huit.

Je me procure dans les sucreries de la chaux épuisée provenant de la défécation des jus. Cette chaux me fait le même usage que le plâtre ; son bas prix me permet d'en doubler et même tripler la dose. Je crois que l'effet est le même et j'ai en plus un engrais : le noir animal que cette chaux contient ainsi que des écumes.

Les cultivateurs de notre canton ne veulent plus aller cherher de plâtre ; beaucoup ont été obligés de revenir avec leurs voitures vides faute de produits. Certains cultivateurs prétendent que le plâtre absorbe les principes fertilisants de la terre et que c'est un agent qui empêche la levée des trèfles.

De l'Abornement.

Les prairies sont très-divisées, il y a peu de bornes ; comme elles sont enterrées peu profondément dans les prés, soit les irrigations, soit les chars chargés de foin, soit enfin certains propriétaires qui savent tirer un profit en les arrachant, le fait est qu'il est souvent difficile de trouver une borne de repère. Le faucheur, avec sa latte de trois mètres, donne et prend sa part; le premier fauché se sert toujours le mieux. Il en manque toujours aux retardataires. Lorsque vous parlez à un de vos voisins de poser des bornes, il objecte que l'on n'en a pas besoin. Si vous plantez des piquets, les pâtureaux, le berger les brûlent lorsqu'ils font du feu à l'automne.

Le seul moyen pour remédier à cet abus, serait de faire un abornement avec tous ses voisins. A la campagne, on n'aime pas employer la justice, on craint les représailles. Puis on vous objecte toujours la possession annale.

Sur le Reboisement des côtes (friches).

Je crois qu'aujourd'hui le reboisement des côtes est impossible.

Lorsque nous étions français, l'Administration forestière offrait, soit aux communes, soit à des particuliers qui achetaient des friches, non-seulement des plants de conifères, mais encore des forestiers et des ingénieurs expérimentés pour diriger les travaux de plantation.

La cherté de la main-d'œuvre ne permettrait pas d'entreprendre un reboisement sans grande perte.

Ainsi sur les friches incultes, en y plantant des mélèzes à 5 mètres les uns des autres, dans un hectare on placera 1 325 sujets. Au bout de vingt ans, on les éclaircira, on en coupera la moitié ; au prix de 50 centimes la pièce, le produit sera de 331 francs, sans déduire ceux qui seront mal venus, ni ceux que les maraudeurs auront pris pour faire des échelles, des râteliers et qui sont les plus beaux. Ce sera un même propriétaire qui aura ce triste bénéfice.

Au lieu de cela, en élevant des moutons qui dans ces friches trouvent une bonne pâture, en faisant comme moi, tous les propriétaires de la commune pourront en profiter.

J'ai un petit troupeau de moutons que j'ai conservé malgré la guerre ; à la vérité, ils sont d'une belle et bonne espèce (Soudhown). L'an dernier, j'avais douze mères, qui m'ont toutes produit des agneaux. Au mois de février dernier, j'ai vendu pour 120 francs de moutons, pour 100 francs de laine et j'ai conservé pour 100 francs de jeunes agnelles. A la vérité, j'ai un superbe bélier provenant de la bergerie de M. Pargon, de Salival. Si 70 ou 80 propriétaires faisaient ce que je fais, la côte rapporterait plus avec des moutons qu'en la reboisant. Je parlais au commencement de ce chapitre du renchérissement des journaliers ; les ouvriers ne veulent plus planter de pommes de terre à moitié fruit ; le chiendent envahit les fermes connues pour les meilleures ; faute de bras, on ne peut donner assez de cultures d'été, les seules bonnes pour tourmenter le chiendent et le faire sécher.

Un troupeau de moutons dans une ferme ainsi envahie, ferait plus d'ouvrage en un été que plusieurs ouvriers insouciants, comme ils sont presque tous aujourd'hui. Les fermiers intelligents et adroits ont aujourd'hui presque tous un troupeau ; ils ont la laine, le croît, le fumier, et le chiendent de leurs terres se trouve mangé dans leurs versaines sans bourse délier et même avec un bon bénéfice. Rien ne rapporte plus qu'un troupeau de moutons bien entretenu. Mes moutons me rapportent plus que mes vaches.

Graminées reconnues les meilleures pour la nourriture des bestiaux.

J'engage beaucoup les propriétaires de prairies à se procurer, pour l'ensemencement, des graminées provenant des bois. Il est reconnu que la levée de leurs graines est plus prompte et plus régulière.

Que ce soit pour des prairies hautes ou basses, il faut choisir des graminées élevées et des graminées formant des touffes, afin d'avoir des prés épais que l'on pourra faire faucher et non pâturer.

Il est bon, la première et la deuxième année de la formation d'une prairie, de la faire pâturer, mais autant que possible par du gros bétail, bœufs, vaches ou chevaux, et non pas par des moutons qui enterrent les jeunes pousses par des temps humides.

Pour les terrains frais, après les avoir desséchés et exhaussés, les quelques graminées ci-dessous suffiront pour un bon ensemencement :

Vulpin des prés,	*Alopecurus pratensis.*
d° fauve,	d° *fulvus.*
Phléole des prés,	*Phleum pratense.*
Paturin commun,	*Poa annua.*
d° bulbeux,	d° *bulbosa.*

Pour obtenir une herbe épaisse, ajouter de la canche en gazon (*Aira cespitosa*), ainsi qu'une petite quantité de trèfle blanc (*Trifolium repens*); ce dernier résistera mieux dans les prés humides que le trèfle cultivé, pour quelques années, jusqu'au moment où la prairie aura acquis toute sa croissance et sa vigueur.

Pour obtenir une herbe haute, il faut semer de l'avoine élevée (*Avena elatior*), ainsi qu'une petite quantité de flouve adorante (*Anthoxantum odoratum*). Cette graminée a la propriété de donner un bon arome au foin.

Voici les graminées qui croissent spontanément dans les prés de la Nied, de la Seille et de la Moselle :

Prés frais ou humides.

Panis pied de coq,	*Panicum crus galli.*
Phalaris roseau,	*Phalaris arundinacea.*
Vulpin genouillé,	*Alopecurus geniculatus.*
d⁰ queue de rat,	*d⁰ agrestis.*
d⁰ à vessie,	*d⁰ utriculatus.*
Agrostide traçante,	*Agrostis alba.*
d⁰ des chiens,	*d⁰ canina.*
Paturin des prés,	*Poa pratensis.*
Glyceria flottante,	*Glyceria fluitans.*
Fétuque roseau,	*Festuca elatior.*
Brome en grappes,	*Bromus pratensis.*
Orge noueuse,	*Hordeum nodosum.*

Nous rencontrons dans les prés humides, une grande quantité de plantes qui, sans être nuisibles, n'améliorent pas le fourrage :

Les renoncules,	*Ranonculus aquatilis.*
Les menthes aquatiques,	*Mentha aquatica.*
Les grandes consoudes,	*Symphitum officinale.*
La stellaire glauque,	*Stellaria glauca.*
Lychnis,	*Lychnis flosculi.*
Le caltha,	*Caltha palustris.*
Achillée mille-feuille,	*Achillea millefolium.*
Scabieuse succise,	*Sussica pratensis.*
La reine des prés,	*Spiræa ulmaria.*

Les menthes ont la propriété d'échauffer le sang.

La reine des prés est employée en médecine contre l'hydropisie.

La grande consoude est adoucissante, sa racine râpée, employée en cataplasmes, dissipe les douleurs des furoncles ou clous ; une décoction de sa racine s'administre contre les rhumes, elle a la propriété aussi de souder les lésions de la poitrine, de la phthisie pulmonaire.

Les plantes vénéneuses ou dangereuses sont :

La ciguë commune,	*Cicuta major.*
Œnante phellandrie,	*Œnanthe phellandrium.*
La colchique d'automne,	*Colchicus autumnale.*

Graminées reconnues les meilleures pour prairies élevées.

Agrostide commune,	*Agrostis vulgaris.*
d° traçante,	d° *álba.*
Houque laineuse,	*Holcus lanatus.*
Avoine élevée,	*Avena elatior.*
d° bulbeuse,	d° *bulbosa.*
d° des prés,	d° *pratensis.*
Paturin des prés,	*Poa pratensis.*
d° commun,	d° *trivialis.*

Dans les prés secs, il est bon de semer du trèfle ordinaire (*Trifolium pratense sativum*) afin d'obtenir une bonne première coupe, et à mesure que le trèfle dépérit, l'herbe devient plus touffue.

Le raygrass anglais (*Lolium perenne*) ainsi que la flouve odorante peuvent, ces deux graminées seules, faire un bon mélange à faucher seuls de bonne heure.

Voici, en outre, les graminées que j'ai reconnues sur les sables secs des prairies de la Moselle, ainsi que dans les prés élevés :

Panis sanguin,	*Panicum sanguinale.*
d° glabre,	d° *glabrum.*

Panis vert,	*Panicum viride.*
d° glauque,	d° *glaucum.*
Flouve odorante,	*Anthoxanthum odoratum.*
Kœléria à crête,	*Kœleria cristata.*
Brize commune,	*Briza media.*
Dactyle aggloméré,	*Dactylis aglomerata.*
Brome mollet,	*Bromus mollis.*
Le chiendent,	*Triticum repens.*

Cette dernière graminée pousse aussi avec une rapidité extraordinaire dans les pelouses. Les prés, les jardins sont aussi infestés de la traînasse (*Polygonum aviculare*) ; le seul moyen de la détruire est de retourner le pré, d'y semer ou planter des plantes sarclées afin d'en détruire les racines. Un bon cultivateur ne doit pas avoir de chiendent dans ses terres, cette graminée n'est bonne que pour maintenir les talus des fortifications et pour faire une tisane rafraîchissante et nutritive. Quant à la traînasse on peut plus facilement s'en débarrasser en la raclant par les fortes gelées d'hiver. C'est ce que je fais faire dans mes vignes lorsque j'en aperçois.

Le long des bois, sur les côtes, nous voyons croître divers individus de la famille des solanées, tels que : la douce-amère (*Solanum dulcamara*) ; le coqueret alkékenge (*Physalis alkekengi*) ; la belladone (*Atropa belladona*), poison narcotique dangereux ; le datura stramoine ou épineux, plante qui s'est naturalisée dans les terrains et prés sablonneux. On le rencontre communément sur les talus des fortifications.

Je crois que la pomme de terre, seule de la famille des solanées, n'est pas dangereuse. Les fleurs et les tiges de la tomate (*Lycopersicum esculentum*) sont un poison, le fruit n'est pas dangereux.

Des Mousses qui croissent dans les prés.

Les mousses croissent quelquefois si épaisses, que l'on est obligé de passer la herse et de semer de la chaux pour les détruire. J'engage beaucoup à se servir de chaux hydratée, qui se trouve et se vend à bas prix dans les sucreries. Les mousses des prés élevés sont : l'hydre rude (*Hypnum squarrosulum*), l'hypne hérissée, l'olligotrie ondulée (*Olligotricum undulatum*).

Du Pâturage des côtes.

Les côtes, lorsqu'elles ne sont pas reboisées, procurent un bon parcours aux moutons. Les graminées qui y croissent sont moins élevées, mais elles sont bien plus nourrissantes que celles des prairies.

On dirait que le Créateur a désigné l'herbe comme une plante destinée à être broutée par les bestiaux, car on dirait que les graminées repoussent sous la dent des bêtes. Le fauchage arrête la croissance des graminées, le pâturage n'agit pas de même. C'est pour cela que j'engage à faire pâturer les prés nouvellement établis, sans cela point d'herbe épaisse. La nature sèche du sol des côtes empêche les vaches de les pâturer ; elles n'y trouveraient pas une nourriture suffisante.

La fétuque ovine (*Festuca ovina*) est à peu près la seule graminée qui croisse abondamment.

La fétuque rougeante,   *Festuca rubra.*
Le brome penné,   *Bromus pinnatus.*

| Le nard serré, | *Nardus stricta.* |
| Le kœléria à crête, | *Kœleria cristata.* |

Ces dernières ne croissent sur les côtes que par taches ou accidentellement.

A part les graminées, les côtes sont aussi fleuries de plantes médicinales et fourragères.

Le trèfle tombant, la luzerne naine (*Medicago minima*), le trèfle alpestre (*Trifolium alpestre*). Au nombre des médicinales, le millepertuis (*Hypericum perforatum*), employé à la campagne à la suite de chutes, de contusions, de coups de pied ; la petite centaurée (*Centaurea jacea*) ; le libanostis des montagnes (*Libanostis montanum*) ; le marrube blanc (*Marrubum vulgare*), qui remplace le quinquina économiquement ; l'ellébore noir, qui vous débarrasse des cors aux pieds et poireaux.

Le serpolet, délicieuse nourriture des lapins, est aussi un insecticide éprouvé pour la conservation des objets d'histoire naturelle.

Plantes qui croissent dans les prés secs.

Le *Carum carvi* (famille des ombellifères),	Nommé cumin, est employé par les Allemands pour mettre dans le pain qui, après cette addition, n'est plus mangeable.
La chicorée pissenlit,	Salade très-précoce.
La centaurée des prés,	*Centaurea jacea pratensis.*
Le séneçon jacobée,	*Senecio jacobœa.*
L'arnica des montagnes,	*Arnica montana*, plante employée contre le rhume.

L'épervière,   *Hieracium* (famille des chicoracées), est une plante adoucissante.

Les pâquerettes, les grandes marguerites connues de tout le monde.

La saponaire, qui croît dans les prés sablonneux, est employée pour le décrassage des étoffes.

Le trèfle jaune, le mélilot officinal (*Melilotus officinalis*).

On pourrait avantageusement cultiver la vesce cracca (*Vicia cracca*) ; la longueur de ses pousses, qui atteignent quelquefois 3 et 4 mètres, me porte à croire que, cultivée, cette plante produirait un fourrage abondant dans les sols pauvres. Je suis sûr qu'il serait nourrissant.

Dans les trèfles, les luzernes, l'oseille sauvage (*Oxalis*) pousse en si grande quantité, que l'on est obligé de labourer la place pour la détruire.

Il en est de même de la cuscute qui, souvent, se jette dans les luzernes, surtout dans les places où se trouvaient les tas de fourrage. Lorsque les luzernes sont jeunes, la cuscute ne dure pas long-temps, la luzerne l'étouffe ; mais si la luzernière est vieille et peu vigoureuse, il faut labourer la place et ressemer de la luzerne. Si ce moyen ne suffit pas, il faut brûler la cuscute au moment de sa croissance.

De l'Étude de la Botanique.

Je ne saurais trop engager les propriétaires, les pères de famille, les instituteurs à faire donner à leurs enfants des leçons de botanique. C'est une distraction à la campagne, non-seulement pour l'amélioration de ses propriétés, mais il est tout simple

que l'on sache au moins le nom des plantes que l'on
foule tous les jours à ses pieds et que l'on soit à même
d'admirer la beauté de la nature, d'admirer le génie
du Créateur ; sans compter les services que l'on
peut rendre tous les jours par la connaissance des
simples, surtout lorsque l'on est éloigné des villes,
où l'on ne peut aller qu'à grands frais chercher un
médecin, souvent trop tard. Par la connaissance des
simples, on peut quelquefois arrêter une maladie à
son début, et bien souvent guérir un mal qui peut
devenir grave. Je ne veux pourtant pas favoriser
l'empirisme ni les charlatans, mais les habitants des
campagnes sont souvent fort aises de trouver des
personnes qui les soignent sans délier les cordons
de leurs bourses, car il faut bien se pénétrer que
ce n'est qu'à la sueur de son front que le paysan
gagne sa vie.

RÉSUMÉ.

Les moyens pratiques pour l'amélioration des
prairies sont :

Les irrigations pour les prairies en contre-bas de
ruisseaux, depuis le 25 février jusqu'au 25 mai.

Les fumures avec du grand fumier avant et pendant l'hiver pour les prairies élevées.

Du fumier en couverture, à la même époque, sur
les trèfles et luzernes.

Le chaulage et le plâtrage sur ces plantes au
printemps.

Niveler les prairies naturelles en gazonnant les
places dont on a extrait la bonne terre.

Arroser de purin auquel on aura ajouté un tiers d'eau,

les prés, surtout ceux qui ne sont ni fumés, ni irrigués.

Botteler le foin et rationner les bestiaux.

Conserver dans les années abondantes en fourrage, des produits pour les années suivantes ; ne pas fourrager plus les bestiaux dans les années abondantes qu'après une récolte médiocre.

Établir les luzernières dans les terrains secs, placés sur l'oolithe inférieure.

Établir des prairies dans tous les terrains faciles à irriguer, après les avoir fumés copieusement.

Semer de bonnes graminées, sans employer la semence tombée sur les greniers, connue sous le nom de *fenasse*.

Arracher les mousses qui croissent dans les prés et qui arrêtent la végétation des graminées. Une herse de fer solide, un bon chaulage débarrasseront de ces végétations.

Faire déboucher dans les prés les raies de champs ainsi que les conduits de drainage.

Retourner les prés réputés aigres et les ressemer avec de bonnes graminées récoltées dans les bois.

Établir plus de luzernières, afin de semer moins souvent du trèfle dans le même terrain.

Abandonner l'assolement triennal afin de ne semer que tous les six ans des trèfles dans la rotation.

Semer des vesces de printemps lorsque l'on a peu de fumier pour ses semailles de blé.

Semer de la chicorée, barbe de capucin, pour la nourriture des porcs.

Semer du sainfoin pour la nourriture des bêtes bovines, ce fourrage fait produire beaucoup de lait.

Faciliter, par tous les moyens, l'établissement de râperies et sucreries de betteraves ; les pulpes, les écumes, la chaux, sont des principes fertilisants.

Saler tous les fourrages.

Lorsqu'il y a manque de fourrage, semer à l'automne le trèfle incarnat, les vesces d'hiver ; au printemps le sorgho, la moutarde blanche, les vesces, ou encore à l'automne, un mélange de trèfle incarnat et de seigle.

Ménager le fourrage dans les mauvaises années et hacher de la paille, qui se mélange à des farineux.

Ne couper les trèfles qu'une fois et retourner la deuxième coupe à son maximum de croissance.

De la Vaine Pâture.

Des arrêtés préfectoraux réglementaient autrefois la vaine pâture. Aujourd'hui, lorsque les regains sont à peu près rentrés, les petits propriétaires et quelques fermiers ayant peu de fourrage ou préférant le vendre, chassent leurs chevaux et bêtes à cornes dans les prairies avant que tous les regains ne soient coupés. Naturellement les bêtes trouvant une bonne pâture dans les regains non coupés, s'y dirigent lorsque les pâtureaux se chauffent auprès du feu, sachant que le garde est d'un autre côté ; ils se disent : mes bêtes vont se faire un bon ventre. Lorsque l'on n'habite pas la campagne, on ne connaît pas les procédés indélicats qui se voient journellement au profit de ceux qui les commettent.

Il est positif que la vaine pâture de nuit devrait être défendue sévèrement. C'est dans ces moments que le pâtureau va voler les échalotes, la salade, les choux, sans compter les poules et poulets qu'il fait rôtir sur un brasier bien ardent.

Il y a aussi une question d'hygiène : les enfants

jeunes, après avoir été à la charrue pendant dix heures, deux attelées de cinq heures, après avoir mangé, sont envoyés chasser les bêtes jusqu'à onze heures ou minuit ; il faut se lever à deux heures et demie ou trois heures pour atteler à cinq heures ; c'est trop pénible pour des enfants jeunes, et souvent légèrement vêtus, par des froids d'automne.

Les éleveurs, propriétaires, fermiers, qui n'ont pas assez de fourrage pour nourrir leurs bestiaux à la maison, auraient beaucoup plus de profit à en avoir moins ou à semer plus de terres en fourrages artificiels.

De la Location des ruelles et des routes appartenant aux communes.

A première vue, vous êtes tout étonné du prix élevé auquel s'adjugent les ruelles et routes appartenant aux communes. Je vais vous en expliquer la raison : 1º l'herbe pâturée repousse sous la dent des bêtes ; 2º le petit propriétaire qui n'a pas assez de fourrage pour nourrir ses bêtes à cornes, et qui veut en avoir, est obligé d'employer les moyens légaux et illégaux pour les nourrir ; il loue une ruelle ; le garde n'est pas toujours là ; une bouchée dans la ruelle, une bouchée au champ de trèfle voisin, sa vache est nourrie sur la propriété d'autrui, mais il conservera sa vache pendant que les vaches du fermier seront affamées par suite du manque de fourrage. C'est pour cela que j'engage à conserver du fourrage dans les années abondantes, afin de ne pas vendre à vil prix des bêtes que l'on ne s'est procurées qu'à grands frais.

Ce que j'ai avancé ne sont pas des axiomes, ni

des règles irréfutables, mais le résultat d'observations suivies et d'une connaissance complète des mœurs et des habitudes de la campagne.

(Extrait des Mémoires de l'Académie de Metz, année 1873-74.)

NANCY, IMPRIMERIE E. RÉAU, RUE SAINT-DIZIER.